# 一個作家的
# 料理練習曲

# comme un
# chef

貝涅・彼特 Benoît Peeters ——— 腳本

海月水母 Aurélia Aurita ——— 漫畫

韓書妍 ——— 翻譯

貝涅‧彼特攝於1977年。　© Valérie Lévy-Soussan

# 一個作家的
# 料理練習曲
# comme un
# chef

貝涅・彼特 Benoît Peeters ——— 腳本

海月水母 Aurélia Aurita ——— 漫畫

韓書妍 ——— 翻譯

貝涅的故事始於1958年。而從那時起，我已經知道自己的一生將會在廚房度過。

身為餐飲家族的長子，我別無選擇，4歲就戴上高高的廚師帽。即便後來我自己也選擇走上料理一途，但看著當時的照片，仍難免希望當初的我有權做決定。

電影、文學、素描、建築、繪畫、攝影、設計……，取得甜點職業證照多年後，我才開始接觸這些領域，也明白了無論是走哪條路，都必須非常勤奮，光有天分是遠遠不夠的；這和做甜點一樣。

我來自聖艾提安（Saint-Étienne），那是個一切都在近在咫尺、卻又與世隔絕的城市。

為了讓工作更有意義，我必須在當時既定成俗的傳統料理之外，創造其他展現自我的方式。這並不是在摸索風格，更不是遊戲，而是為了料理的基本：我必須激起愉悅的感受。眾人視我為狂人或藝術家，然而我自始至終只是個廚師，是製造幸福的匠人。「慷慨」是料理中最重要的特質，廚師必須懂得付出。少了愛，盤中的料理不會有感情，貝涅也就不會寫下這篇故事。

我長大了，也老了，這本漫畫中的各個年代與時期我都經歷過。以前，廚師一點都不性感，我們隱藏自己、盡可能不引人注意，躲在圍裙後面，試圖用香皂和鬍後水掩蓋深入皮膚和頭髮的各種氣味。

如今，「主廚」爭相成為檯面上的人物，披著一身潔淨的白或深沉的黑，在螢幕裡亮相，然而離開鏡頭前，廚師的日常仍數十年如一日。輸贏得失並沒有改變，做出美味的料理永遠非易事。

廚師追求的不是被愛，而是付出愛。漫畫家「海月水母」的筆觸充分傳達了這一點──經典雋永，而且賞心悅目。

寫下這段話的同時，我想到兩個小男孩──貝涅和皮耶，兩段相仿的命運，傳達出一樣的經歷──料理與書寫，相輔相成，不可分割。

皮耶‧加尼葉（Pierre Gagnaire）

法國巴黎米其林三星餐廳「Pierre Gagnaire」主廚，於2015年被評為「世界上最好的廚師」。料理風格現代、簡單，如音樂一般細膩、溫柔，且具藝術性。其餐廳在倫敦、東京和香港皆有分店。

貝涅·彼特向Marie-Françoise、Valérie Lévy-Soussan
與Christian Rullier致上所有感謝。

海月水母向Olivier獻上謝意。

其實，我不太清楚這一切
是怎麼開始的。

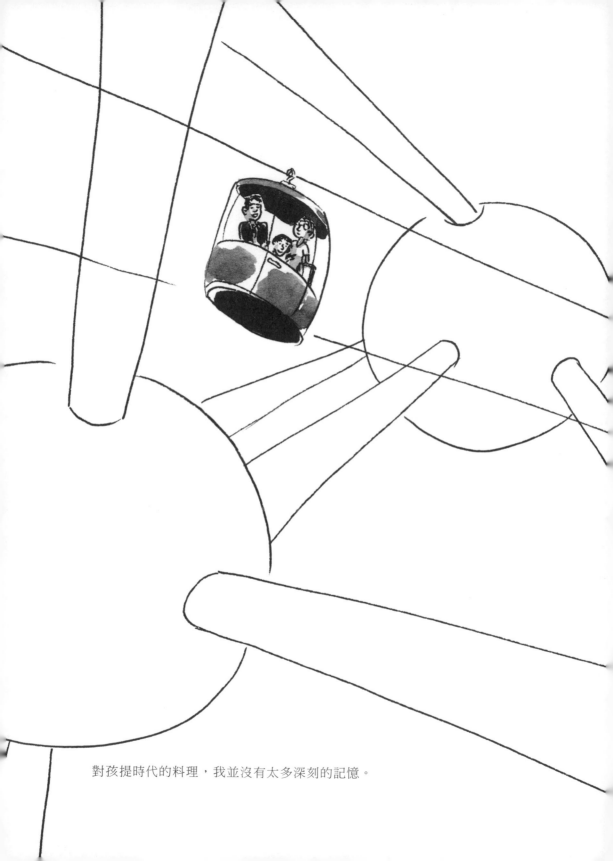

對孩提時代的料理，我並沒有太多深刻的記憶。

1958年夏天，我兩歲時，我們從法國搬到布魯塞爾，那年有世界博覽會。

我的父親是第一批歐盟公務員。

這些畫面來自過去，彷彿已很遙遠。

此時，我的眼前再度浮現由兩匹壯碩的比利時重挽馬拉行的牛奶車。

耳畔也響起開進街巷的麵包車聲，夏日將近時，還會有冰淇淋小販的音樂。

我的母親動過幾次大手術，經常臥床休養。

家裡是由年輕的女孩、德國寄宿交換生——英格，負責我們的飲食，
但餐點實在很「簡樸」。

吃飯了！

SCHNELL

又是麵包配
乳酪……

譯註：德語「快點」之意。

LA PÂTE À BLANCS D'ŒUF BATTUS

1561. — Gâteau mousseline.
Préparation : 15 mn. — Cuisson : 15 mn.
125 g. fécule.                              5 œufs.
75 g. sucre.                                Zeste de citron.

Mélanger ensemble le sucre et les jaunes d'œuf. Ajouter en tournant la fécule, le zeste de citron râpé, puis les blancs battus en neige. Bien mélanger. Verser dans un moule beurré et faite cuire 15 mn. à four doux.

母親精神體力好的時候，會翻開吉內特・馬蒂歐（Ginette Mathiot）的《我會烹飪》（*Je sais cuisiner*），這是法國家家戶戶必備的經典食譜。

羅蘭鹹派（Quiche Lorraine）

薯泥焗絞肉（Hachis Parmentier）

火腿捲苦苣（Chicons au jambon）

法式麵疙瘩（Gnocchis）。一種以粗粒小麥麵皮加上乳酪絲焗烤的料理，和義式麵疙瘩一點關係也沒有。

櫻桃克拉芙堤
（Clafoutis aux cerises）

粗粒小麥粉蛋糕
（Gâteau de semoule）

牛奶米布丁
（Riz au lait）

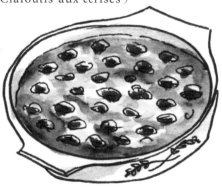

噢，你在做蛋糕！我可以吃吃看麵糊嗎？

只能嘗一點點喔，生麵糊不好消化……

這些療癒人心的料理，後來遭受冷凍和罐頭食品雙雙崛起的夾擊，在我們的成長過程中逐漸消失了。

罐頭在我們家尤其受歡迎，因為我的外公是卡諾公司（Carnaud）的工程師，工廠靠近波爾多，罐頭就是在那裡生產的。

我不喜歡菠菜！

多少吃一點吧！外公知道會很高興的。

六〇年代末，母親的身體狀況好多了，但是對下廚愈來愈沒興趣。
家用電器進入家中，啊，偉哉電動刀和電動開罐器！

Je viens rechercher mes bon-bons（我來找我的糖果）*

譯註：法國歌手Jacques Brel的歌曲〈Les Bonbons〉

孩子們，小心！
別太靠近……

嚕嗚嗚嗚！！

但是，星期天的烤牛肉愈來愈乾柴，魚肉愈來愈軟爛，醬汁也愈來愈沒滋味。

當我母親對烹飪的興趣逐漸降低，我卻開始展現對料理的喜愛。雖然我躍躍欲試，卻一點基礎也沒有。

媽媽，貝涅**用**的馬鈴薯太硬了！

是貝涅**煮**的，

而且，一定太硬的呀，因為他應該要先煮過再下鍋煎嘛。

我們家人丁眾多，很少全家到餐廳吃飯。我還記得大賣場裡的一家自助餐廳，星期天我們偶爾會光顧。

TAMMY'S DINER

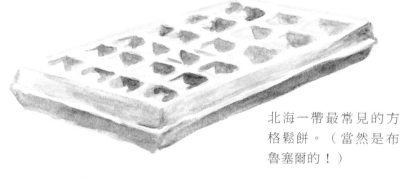

北海一帶最常見的方格鬆餅。（當然是布魯塞爾的！）

外公外婆居住的布列塔尼，特產是可麗餅。

回程經過公路休息站的連鎖餐廳：路堤餐廳（Les Relais Routiers）。

爸媽有時候會到中國餐廳來個晚餐約會，對當時的我來說，那已經是最頂尖的精緻料理了。

我還好懵懂……

# 拉丁區
# Quartier Latin

1974年9月，我18歲。全家搬
回法國已經一年了。我在路易
大帝中學（Louis-le-Grand）
就讀文學預備班。

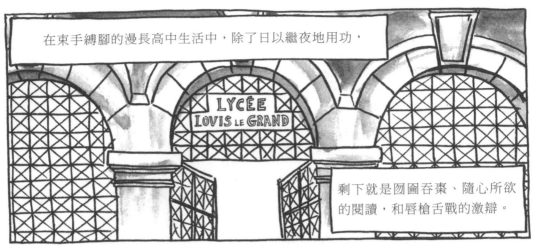

在束手縛腳的漫長高中生活中，除了日以繼夜地用功，

LYCÉE
LOVIS LE GRAND

剩下就是囫圇吞棗、隨心所欲的閱讀，和唇槍舌戰的激辯。

不用說，巴黎當然是這種氛圍的推手，另外就是獨立的開端。

而這些，對幾個我的朋友而言又尤其重要。先來介紹尚－克里斯多夫吧。

不，老師，我不容許您這麼說！

20

尚－克里斯多夫是我的同班同學，以學養和口才在班上鶴立雞群。

您對情色和色情之間的分野迂腐又似是而非。

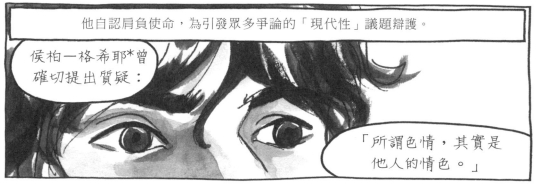

他自認肩負使命，為引發眾多爭論的「現代性」議題辯護。

侯柏－格希耶*曾確切提出質疑：

「所謂色情，其實是他人的情色。」

康比耶先生，請別再拿你的侯柏－格希耶煩大家！

他推薦我許多讀物，還大方地借我書；而我也求知若渴地瘋狂閱讀，一天一本。

想要考上高等師範學院的話，最好讀一些拉丁文主題的書。

譯註：Alain Robbe-Grillet，法國作家、電影製片，新小說流派的代表人物之一。

好啦，雖然我還沒讀完，但肚子快餓死啦！

去學生餐廳吃嗎？

你在開玩笑嗎？我要回家吃，離這裡超近的。我家的廚師洛培茲跟我說今天中午他會做加泰隆尼亞布丁。

掰啦！

在社會階級上，我們不是同世界的人。

啪啦！

他從來沒邀我一起吃晚餐,不過,有時下課後我們會在他家一起做料理。

我看看,麵糊需要牛奶300毫升⋯⋯

麵粉50公克⋯⋯

糖100公克。

ALI-BAB
GASTRONOMIE
PRATIQUE
實用美食食譜
ÉTUDES CULINAIRES

我先來做糖煮橙皮絲。

完成!

《羅蘭・巴特論羅蘭・巴特》好像這幾天要出了。

對啊,我好期待,還有米榭・塞荷的《左拉》*¹。

尚一克里斯多夫從小就跟著父母到最高級的餐廳。我萬分豔羨地聽他談論在Chez Denis或Grand Véfour*²吃的大餐。

1譯註:Michel Serres,法國哲學家、作家。*Feux et signaux de brume - Zola*,1975年出版。
2譯註:Grand Véfour,米其林三星餐廳,位置靠近羅浮宮。

他對料理變革和結構主義的興趣幾乎不相上下。

上週六，我爸請我們到哈斯拜大道的Duc餐廳吃飯。

花神咖啡

菜色有薄切生干貝，只淋上少許榛果油。

不用說也知道多美味！

我們心神嚮往的新小說和《戈爾和米約》（*Gault et Millau*）指南捧上天的「新派料理」（Nouvelle cuisine），兩者之間一定有關聯。

（新哲學我們就不多說了。）

譯註：《佛蘭德公路》，1985年獲諾貝爾文學獎法國作家，克勞德・西蒙（Claude Simon）的成名代表作。

戈爾和米約餐廳指南

GAULT-MILLAU
GUIDE DE LA
FRANCE
1975

2500 RESTAURANTS EN FRANCE
BELGIQUE, LUXEMBOURG ET SUISSE
ET AUSSI
LES 850 MEILLEURS HÔTELS

**L'Archestrate**（巴黎7區）

不見精緻但濃膩的醬汁，過度豐盛的鹹派和主菜。主廚Alain Senderens急切地擺脫束縛……

**Alain Chapel**（米奧奈）

感謝戈爾和米約，為我們打開天堂之門。務必去此餐廳。金黃色的肥肝、蔬菜、豬膀胱包雞，幾乎令人熱淚盈眶……」來自比利時艾克辛的一對夫婦來信寫道。

**Michel Guérard**（歐仁妮溫泉，朗德）

蓋哈展現真正的料理藝術革命，現在到處都有人模仿他那不含油脂的醬汁、清蒸手法以及他高妙絕倫的食譜。

# 新派料理十誡

I
不可過熟

II
使用優質的新鮮食材

III
減少菜單上的品項

IV
你不必是現代主義者

V
但是要不斷追求
新的料理技巧

VI
避免醃漬、野味熟
成、發酵等等

VII
拋開濃厚的醬汁

VIII
營養學很重要

IX
擺盤不可故弄玄虛

X
務必充滿創新精神

閱讀花不了多少錢。但我對高級餐廳只停留在柏拉圖式的愛，那對我而言太遙不可及了。

我住在壕溝廣場附近的吊刑路（rue de l' Estrapade）3號，一間一點也不浪漫的市區雅房。

理論上，我可以使用房東的小廚房，但是餐具狀況很糟糕，鍋子也不堪使用。

因此我很少大煮特煮，只做些簡單的料理：煎荷包蛋、麥片粥，還有通心麵。

RESTAURANT SHANTOU
SPÉCIALITÉS CHINOISES ET CAMBODGIENNES

我在拉霍米其耶街（rue Laromiguière）的中國餐廳裡，點最便宜的菜色果腹。

糖醋排骨

雜碎雞

文學占據我的生活。

REVUE PERISODIQUE
MINUIT 15

我在《子夜》（*Minuit*）
雜誌成功發表第一篇文章
後，再也無心準備我的正
務——入學考。

在申請論文和練習拉丁文翻譯的夾縫中，我寫出第一本小說《列車》（*Omnibus*），充滿我對克勞德·西蒙的熱愛。

亞蘭‧侯柏─格希耶
Alain Robbe-Grillet

克勞德‧西蒙
Claude Simon

克勞德‧莫里亞克
Claude Mauriac

侯貝‧潘傑
Robert Pinget

薩謬爾‧貝克特
Samuel Beckett

娜塔莉‧薩侯特
Nathalie Sarraute

克勞德‧奧耶爾
Claude Ollier

傑洛姆‧朗東 J
Jérôme Lindon

貝涅‧彼特

6ᵉ Arᵗ
RUE
BERNARD PALISSY

子夜出版社收下我的小說稿時，我才剛滿20歲。

1976年11月的某一天……

來了！我的新書來了！

BENoîT PEETERS
OMNIBUS
roman
☆m
LES ÉDITIONS DE MINUIT

太棒了，貝涅！

有點單薄，但還不錯。

一定要慶祝一下才行。這輪我請。

L'HEURE DU BERGER

老闆，請給我們4杯Pouilly Fumé白酒！

噢，謝謝，薇樂麗！

你生日嗎？

比那更棒，
杜澤先生，

我們家貝涅剛
剛出版了第一
本小說唷！

LE TIERCÉ RAPPORTE 4710F /5F

Le Parisien
libéré

ANDRÉ MALRAUX
EST MORT

這樣子啊，那
他就是下一個
馬勒侯*了呢！

噗！

呃，謝謝您，但我想
應該不可能。

譯註：André Malraux，法國知名作家，戴高樂執政時代擔任文化部長，曾被提名諾貝爾文學獎。

# 特洛瓦果兄弟 Les Frères Troisgros

我的女朋友瑪麗芙蘭索瓦住在布魯塞爾，因此我們不方便見面。

那個時代，火車不僅路途漫長，對我來說也很昂貴。

我們常在假期時約會。

布魯塞爾，南站

巴黎，北站

還有……

1977年的某個夏日，我們開著她那臺老舊的雷諾8號，前往多姆山（Puy-de-Dôme）。

噢不！又來了！

嘰咿咿咿！！！

我保證，只會繞一點點路，從羅阿訥過去。

稍微休息一下不會影響旅程的，對車子也好！

從羅阿訥過去？你該不會是想去特洛瓦果兄弟餐廳吧？

只是看看餐廳長什麼樣子⋯⋯

你聽這段：「接待、服務、裝潢等等，甚至附屬的旅館房間，全都美輪美奐又現代，在在展現特洛瓦果是世界第一的飯店。」

「我們此生第一次吃到值得給予滿分的料理！」

「無法言傳的美味料理：朝鮮薊、胡蘿蔔、四季豆和松露製成的法式凍，蔬菜層次中夾著薄薄的肥肝慕斯林奶油，一旁搭配焗烤龍蒿番茄。」

好、好、好！只能看菜單，聽到沒？

你覺得真的是這裡嗎？

沒錯。他們的父親之前就把餐廳開在這裡。兄弟倆也不想搬遷。

你看最貴的套餐，這麼多道菜只要100法郎！和巴黎差那麼多！

反正他們一定沒位子了。

呃，女士您好，請問您們是否剛好還有兩個人的位子呢？

午餐的話，已經客滿了，不過你們很幸運，剛剛有客人取消了晚上的訂位。

是否要為您們訂位呢？

好吧，你真的這麼想吃嗎？那……

這麼好的機會不會有第二次了！

之後省點花用就好！

那車子呢？如果車壞了，我們會沒錢修理……

車還可以再撐一個禮拜啦！

您願意的話，我可以推薦客房。雖然是最小的房間，但也很迷人呢。

HOTEL RESTAURANT LES FRERES

一晚62法郎，很划算呢！

嗯。

我們別吃午餐好了，這樣才能確保晚上有胃口。

這就是省錢的第一步！

我們就座時，已經餓得半死。

哎呀！

我們一看就知道是不知所措的新手。

那麼，搭配套餐的酒呢？

好好吃！

酒單厚厚一大本，價格昂貴，而且我們對葡萄酒毫無概念。

光是波爾多紅酒就有12頁！

呃……一瓶香檳？

你們的招牌酒好了。

好的，先生。

女士，

朗德肥肝佐糖煮洋蔥無花果。

你覺得邊邊可以吃嗎？

嗯……這樣上桌的話，一定可以吧。

餐廳名聞遐邇的傳奇料理之一終於上桌了。

鮭魚排佐酸模醬！

# Comme un chef
# 一個作家的料理練習曲

| | |
|---|---|
| 原文書名 | Comme un chef : une autobiographie culinaire |
| 作　　者 | 腳本：貝涅·彼特（Benoît Peeters）／漫畫：海月水母（Aurélia Aurita） |
| 譯　　者 | 韓書妍 |

| | |
|---|---|
| 總 編 輯 | 王秀婷 |
| 責任編輯 | 李　華 |
| 版　　權 | 張成慧 |
| 行銷業務 | 黃明雪 |

| | |
|---|---|
| 發 行 人 | 涂玉雲 |
| 出　　版 | 積木文化 |
| | 104台北市民生東路二段141號5樓 |
| | 電話：(02) 2500-7696｜傳真：(02) 2500-1953 |
| | 官方部落格：www.cubepress.com.tw |
| | 讀者服務信箱：service_cube@hmg.com.tw |
| 發　　行 | 英屬蓋曼群島商家庭傳媒股份有限公司城邦分公司 |
| | 台北市民生東路二段141號11樓 |
| | 讀者服務專線：(02)25007718-9｜24小時傳真專線：(02)25001990-1 |
| | 服務時間：週一至週五09:30-12:00、13:30-17:00 |
| | 郵撥：19863813｜戶名：書虫股份有限公司 |
| | 網站：城邦讀書花園｜網址：www.cite.com.tw |
| 香港發行所 | 城邦（香港）出版集團有限公司 |
| | 香港灣仔駱克道193號東超商業中心1樓 |
| | 電話：+852-25086231｜傳真：+852-25789337 |
| | 電子信箱：hkcite@biznetvigator.com |
| 馬新發行所 | 城邦（馬新）出版集團 Cite（M）Sdn Bhd |
| | 41, Jalan Radin Anum, Bandar Baru Sri Petaling, 57000 Kuala Lumpur, Malaysia. |
| | 電話：(603) 90578822｜傳真：(603) 90576622 |
| | 電子信箱：cite@cite.com.my |

| | |
|---|---|
| 封面設計 | 莊謹銘 |
| 製版印刷 | 中原造像股份有限公司 |

城邦讀書花園
www.cite.com.tw

2019年 6 月 4 日 初版一刷

售　價／NT$550

ISBN　978-986-459-182-4

Printed in Taiwan.

貝涅・彼特推薦的餐廳

已歇業
Le Vivarois｜主廚：Claude Peyrot　地址：192 avenue Victor Hugo, 75016 Paris, France
Apicius｜主廚：Willy Slawinski　地址：8 rue Maurice Maeterlinck, 9000 Gand, Belgique.
elBulli｜主廚：Ferran Adrià　地址：Cala Montjoi, Roses, Espagne.

營業中
Pierre Gagnaire｜地址：6 rue Balzac, 75008 Paris
David Toutain｜地址：25 rue Surcouf, 75007 Paris
Ze Kitchen Galerie｜主廚：William Ledeuil　地址：4 rue des Grands Augustins, 75006, Paris
Les Prés d'Eugénie – Michel Guérard｜地址：334 rue René Vielle, 40320 Eugénie-les-Bains
Maison Troisgros｜地址：728 route de Villerest, 42155 Ouches
Anne-Sophie Pic｜地址：285 avenue Victor Hugo, 26000 Valence
La Grenouillère｜主廚：Alexandre Gauthier　地址：19 rue de la Grenouillère, 62170, La Madelaine-sous-Montreuil
Saquana｜主廚：Alexandre Bourdas　地址：22 Place Hamelin, 14600 Honfleur.

貝涅・彼特（左）與海月水母（右）攝
於本書在巴黎的首賣會。2018年。
Photo © Kathy Degreef

貝涅‧彼特與海月水母的其他作品收錄於：
《JAPON：看見日本，法×日漫畫創作合集》（Japon），2006年，
大辣出版

貝涅‧彼特與馮索瓦‧史奇頓的作品：
《消逝邊境》（La Frontière invisible），2004年，大辣出版
《再見巴黎》（Revoir Paris），2018年，大辣出版


## 關於貝涅‧彼特

1956年8月28日生於巴黎。出版兩本小說後，他曾嘗試更廣泛的寫
作類型，如評論、傳記、插畫敘事、相片小說、電影、電視、廣播
劇。當然，還有漫畫。他是研究艾爾吉（Hergé）的專家，曾寫過三
本關於艾爾吉的重要著作：《Le Monde d'Hergé》、《Hergé fils de
Tintin》、《Lire Tintin : les Bijoux ravis》，以及無數漫畫評論，並與其
他作者合著希區考克、谷口治郎、克里斯‧韋爾（Chris Ware）、德
希達（Jacques Derrida）與保羅‧梵樂希（Paul Valéry）等人的傳記。
除了馮索瓦‧史奇頓（François Schuiten），貝涅‧彼特也與其他藝術
家合作，如漫畫家Alain Goffin、Anne Baltus和Frédéric Boilet，攝影
師Marie-Françoise Plissart，以及電影導演Raoul Ruiz。

貝涅‧彼特執導過三支短片，多部紀錄片，以及一部長片《Le Dernier
Plan》。他與馮索瓦‧史奇頓負責多個展覽，為比利時的偉大建築師
維克多‧歐塔（Victor Horta）建造的第一棟新藝術建築布置內部陳
列。

《朦朧城市》系列於2013年獲得日本文化廳媒體藝術祭大獎。


## 關於海月水母

1980年生於法國，父母是柬埔寨華人。她在《Fluide glacial》雜誌
發表早期的短篇作品。第一本作品《Angora》獲得好評，不過2006
年出版的《Fraise et chocolat》，其私密情色的敘事才讓她真正備
受矚目，後來更翻譯成五國語言，讓世界各地的讀者認識她。曾擔
任童書作品《Vivi des Vosges》繪圖，以及報導漫畫《LAP！Un roman
d'apprentissage》，最近的作品是《Ma vie est un best-seller》，
靈感來自柯琳娜‧梅耶（Corinne Maier）的著作《日安，懶惰》
（Bonjour Paresse）。海月水母的漫畫生涯即將滿20年，本書為
她的第9本作品。

官網：www.aurita.fr

音樂、圖像來源

P.15 | 音樂：*Les Bonbons*, Jacques Brel （1967）

P.28 | 牆上照片： James Andanson

P.29 | 牆上照片：Roland Allard

P.30 | 照片：Mario Dondero © Leemage

P.56 | 音樂：*Invention n° 14 en si bémol majeur, BWV 785*, Johann Sebastian Bach （1723）

P.57 | 照片：Jerry Bauer

P.62 | 音樂：*Impromptu n° 3 en sol bémol majeur, op. 90, D.899*, Franz Schubert （1827）

P.79~80 | 音樂：*Sonate pour piano n°16 en do majeur, K. 545*, Wolfgang Amadeus Mozart （1788）

P.81 | 音樂：*Sonate pour piano n°17 en si bémol majeur, K 570*, Wolfgang Amadeus Mozart （1789）

P.81 | 音樂：*Je bois*, Boris Vian 與 Alain Goraguer （1955）

P.88~89 | 音樂：*It's Now or Never*, Elvis Presley （1960）

P.92~93 | 畫面靈感來自繪畫：*Bodegón de aves y liebre*, Tomás Hiepes （1643）

P.94~95 | 雜誌：*Métal Hurlant*, no.23 （1977）, 封面繪圖：Jim Benaim

P.96 |（上）雜誌內頁：*la Débandade*, François Schuiten；（下）雜誌：À Suivre, no.1, （1978）封面繪圖：Jacques Tardi

P.125 | 畫面靈感來自繪畫：*Le Pays de cocagne*, Pieter Brueghel （1567）

P.126~127 | 畫面靈感來自繪畫：*Le Repas de noce*, Pieter Brueghel （1568）

P.126~130 | 音樂：*Eenzaam zonder jou*, Will Tura, Ke Riema et Van Aleda (1962)

P.150 | 攝影作品：Marie-Françoise Plissart 與 Benoît Peeters, *Minuit* （1983）

P.151 | 漫畫：*Les Murailles de Samaris*, François Schuiten 與 Benoît Peeters, Casterman （1983）

P.152 | 檔案圖像：私人收藏

Pa.165 | 人物：Willy Slawinski, Homarus Éditions Culinaires （2007）

P.209 | 音樂：*Gymnopédie n°1*, Erik Satie (1888)

P.211~212 | 音樂：*Pavane de la Belle au bois dormant, extrait de Ma mère l'Oye, suite pour piano à quatre mains, M.60*, Maurice Ravel （1908）

餐廳索引

2017年11月，
貝涅‧彼特與海月水母

最後是華麗無比的甜點。

洋槐花千層
Mille-feuilles à
la fleur d' acacia

Trois-tiers au
chocolat

三分之三巧
克力

Pêches
au vin

紅酒桃子凍

Oeufs à la
neige

雪花漂
浮島

甜瓜塔

Tarte au
melon

奇異果克
拉芙堤

Clafoutis
aux kiwis

南瓜小米
布丁

Millet au
potiron

哈斯多甜酒李
子佐鮮奶油

Pruneaux au
Rasteau et à la
crème

如何，開心嗎？

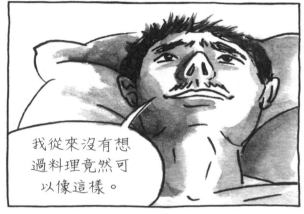

我從來沒有想過料理竟然可以像這樣。

隔天早上……

我的天呀，這也太誇張了吧！

這本也買吧！看起來很棒欸！

譯註：Michel Guérard，法國名廚，新派料理先驅之一。

# 蘑菇情緣

自此，我與烹飪展開一段認真的關係，我為此投入許多心思。

我在巴黎11區聖賽巴斯汀路（Rue Saint-Sébastien）的小套房裡，密集試做料理。

我小心翼翼地遵照食譜指示。

切成0.2公分寬、4公分長……

《瘦身料理大全》（*La Grande Cuisine Minceur*）成為我的聖經。不僅食譜精彩，米榭·蓋哈在書中理論部分的教學條理分明，令我佩服不已。

# 增稠與醬汁

用穀物和澱粉增稠 → 加熱：油糊

↳ 生冷：使用澱粉

使用雞蛋增稠（例：輕盈的沙巴雍）

使用血、海鮮卵或膏狀部位增稠：
（例：紅酒燉雞、龍蝦佐亞梅里肯醬汁）

使用油脂增稠 → 加奶油／法式鮮奶油

↳ 乳化 → 不加熱：美乃滋

↳ 加熱：貝亞尼斯醬、
荷蘭醬

他從基礎開始，按部就班地教學，
再適合我不過。

54.00 Fr
12.00 Fr
07.40 Fr
07.40 Fr
07.40 Fr
..................
88.20 Fr

# 各種烹調法

I. 兩大法則

集中法 → 有上色：碳烤、燒烤、煎、炸

→ 無上色：蒸、水煮
（熱水下鍋）

交換法 → 有上色：燜烤、燜燉、燉煮、
水煮（冷水下鍋）

→ 無上色：先煎後燉、煎炒（加入
汁液）、水煮（冷水下鍋）

II. 各種技法

壁爐火烤或碳烤
烘烤 見38頁
炸 見46頁

→ 蒸
→ 膀胱封燉

我讀了又讀，有幾頁幾乎倒背如流。
我也進步神速。

還不錯
⋯⋯

這段期間，身在布魯塞爾的瑪麗芙蘭索瓦就沒這麼有耐性了……

吼，覆盆子醋？然後還要什麼？

少許檸檬汁應該可以代替。

嗯

糟啦！

噁……

《瘦身料理大全》也有其困難之處。限制之多幾乎可比喬治・培瑞克
（Georges Perec）＊：不含澱粉、幾乎沒有油脂。

唏嚕嚕！！

我重複多次，試圖製作出質地細滑的
蘑菇慕斯泥。

完全不行，還是
有顆粒……

譯註：猶太裔法國作家，喜歡嘗試各種書寫實驗。

53

蓋哈在歐仁妮溫泉（Eugénie-les-Bains）的餐廳裡，一定有更順手合適的工具吧。

幸好，不久後他就出版了另一本食譜書，好做多了。

軟化奶油50公克

糖粉150公克

杏仁粉

為自己一個人做菜實在沒什麼樂趣，因此我邀請高中同學到家裡晚餐。

叩叩叩！

來了！

先生，
上菜囉。

珠雞胸肉
佐韭蔥沙
巴雍。

沙巴雍？
那是啥？

......

這個嘛，我
對料理的品
質沒意見，

但是說真的，
我最在意的是
分量啊。

# 我喜歡，我不喜歡
## J'aime, je n'aime pas

「我喜歡：沙拉、肉桂、乳酪、辣椒、杏仁糖膏、剛割下的牧草氣味。」

「玫瑰、芍藥、薰衣草、香檳、輕盈的政治立場、格連‧顧爾德（Glenn Gould）。」

「扁扁的枕頭、烤麵包、哈瓦那雪茄、韓德爾。」

「浪漫時期的音樂、沙特、布雷希特、凡爾納、傅立葉、艾森斯坦、火車、Médoc紅酒、Bouzy紅酒。」

我在高等應用研究學院成為羅蘭‧巴特的門生，他在《符號帝國》（*L'empire des Signes*）中用了數頁篇幅，細膩地描寫日本料理，也為布里亞－薩瓦杭（Jean Anthelme Brillat-Savarin）的《美味的饗宴》（*Physiologie du Goût*）撰寫了一篇精彩的前言。

BOUZY?
要特別訂貨喔。

抱歉，我們沒有賣這種酒。

喔？
或許這裡
會有。

太好了！

有一天，我邀請羅蘭‧巴特共進晚餐，還拜託朋友將公寓借給我，以期招待更周到。

我利用《羅蘭・巴特論羅蘭・巴特》中的〈我喜歡，我不喜歡〉一文設計套餐，從前菜到甜點一應俱全。

叮鈴鈴鈴！

唔⋯⋯
這麼快？

晚安，
貝涅。

嫩菠菜沙拉佐干貝。

真是太巧了,我很喜歡干貝呢。

春蔬燉羊肉,但是完全沒加麵粉喔!

喔⋯⋯

最後是薄荷桃子甜湯。

嗯⋯⋯

我都不知道您這麼有烹飪天分呢!

那您的論文呢？進度還順利嗎？

我想，還算順利。雖然還有很多要努力的部分，我試著一頁頁、一格格分鏡地解讀《綠寶石失竊案》*¹……

沒錯，這真的很有意思。

但說實話，為什麼要拼這份文憑呢？您已經出版一本小說了。

您已經……

在另外一邊了。

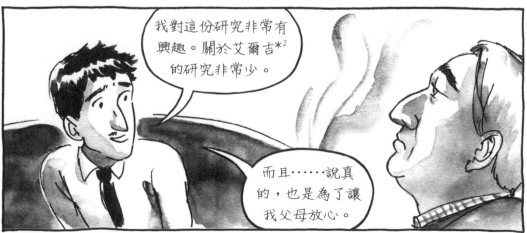

我對這份研究非常有興趣。關於艾爾吉*² 的研究非常少。

而且……說真的，也是為了讓我父母放心。

1譯註：《丁丁歷險記》第21集。
2譯註：Hergé，《丁丁歷險記》的作者。

65

啊，很好……

的確要考慮到這點。

幾天後，尚－克里斯多夫遇到羅蘭·巴特，於是問他對於那頓晚餐的感想。

我保證這是他跟我說的！

「極細緻精巧的一餐，不過或許略嫌寡淡。」

寡淡？！

某天晚上我在尋午街（rue du Cherche-Midi）遇到羅蘭·巴特，他正步出杜莫內小酒館，這家餐廳專賣烤肉串、肥肝還有焗烤菜，和新派料理天差地遠。他一臉心滿意足、酒足飯飽的模樣。

羅蘭·巴特雖然脆弱、纖細、憂鬱，但他畢竟是來自法國西南區的人，未必會連盤中殽都力求現代性吧。

「瘦身是如意圖變聰明一般的天真之舉。」

《羅蘭‧巴特論羅蘭‧巴特》

« Maigrir est l'acte naïf du vouloir-être intelligent »
Roland Barthes par Roland Barthes

# Vivarois餐廳

我跟著瑪麗芙蘭索瓦到楓丹白露附近,參與一部成本極低的電影拍攝。

整個團隊就住在拍片現場,氣氛常常相當火爆。

伊莎貝,你煩死人啦!光會站在那一點屁用都沒有!

那你呢?怪癖一堆難搞得要死!

你絕對不會相信，
我們現在就在Vivarois
旁邊，就是克勞德・培
羅*的餐廳。

我不知道
他是誰。

譯註：Claude Peyrot。

譯註：Jacques Lacan，法國精神分析大師，擁有精神醫學博士學位。

這些人哪來的啊？

貝涅，這裡讓我很不自在……

一切都會很順利的。

呃……

這個嘛，夏季清爽沙拉和……蒸牙鱈。

好的，您是否需要待酒師呢？

不用，請給我們一大瓶水。

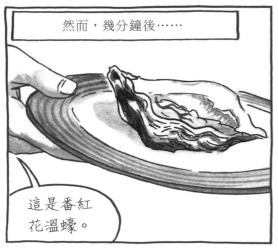

然而，幾分鐘後……

這是番紅花溫蠔。

看起來好棒呀，但是，我們沒點這道菜……

培羅先生希望您們能夠品嘗這道料理。

?!

?!

櫛瓜花鑲填小螯蝦。

謝謝，謝……謝。

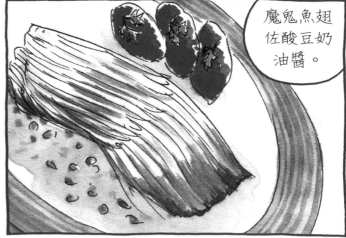

魔鬼魚翅佐酸豆奶油醬。

我眼淚快流出來了。

女士、先生，您們好，是否願意來一杯Chassagne Montrachet？

來自樂菲酒莊*。

接著，培羅本人為我們端上甜點。

李子天婦羅佐糖漬柳橙。

用餐時間快結束了。我是否能和二位一起坐坐呢？

譯註：Domaine Leflaive，布根地最具盛名的酒莊之一。

主廚先生,謝謝您,我永遠不會忘記您的溫蠔。

所有的料理都美味極了。我們不知道該如何感謝您。

我才想要謝謝您們。

我注意到了,您們是因為對料理有興趣才來這裡,而不是為了炫耀。

不像那些生意人,竟把文件放在盤子上!

他們才不在乎我的料理,他們根本沒有品嘗!

他們來,只因為這是附近最高級的餐廳!

# 料理組曲

某天晚上，我父親邀請高等政治學院的老同學到家中用餐，他們各個飛黃騰達。

我自告奮勇包辦整頓晚餐。

我利用這個機會，試做《美味烹飪食譜》（*La Cuisine gourmande*）其中一道最令人驚豔也最昂貴的料理——肥肝蔬菜鍋，搭配松露奶油醬。

你確定不需要幫忙嗎？

不用，媽媽。

手續很繁瑣，不過時間還很充裕。

雖然料理過程冗長，而且必須一絲不苟，不過這道擺盤美麗的重頭戲上桌時，眾人的反應如我所料。

法蘭索瓦絲，這可以媲美頂級餐廳了，你們真是讓我們大飽口福。

我沒做什麼，菜都是我們兒子做的，他很迷烹飪。

我對料理的熱情幾乎不亞於文學，腦子裡時時刻刻想的都是料理。

我幻想結合料理的方式，有點像料理的「烏力波」（OuLiPo）*2。

1譯註：出自歌曲〈Je bois〉，Boris Vian作詞作曲、演唱。
2譯註：文學潛能工坊（l'ouvroir de littérature potentielle）。

如果有一臺機器，能從肉類、魚類、蔬菜，到水果、香草植物和醃漬物，任意產生各種天馬行空的組合就好了。

鹿肉　櫛瓜　可可

新派料理還是太保守了。大部分的主廚都害怕嚇壞客人。

必須要創造全新的出菜順序、前所未有的口感！

前菜、主菜、乳酪、甜點，可以打破這種出菜順序。還有其他一大堆禁忌。

在法國，沒有人敢在同一道料理中結合肉類和海鮮。

LENÔTRE
PARIS

# 夜之計程車

1978年的春天，我決定搬到布魯塞爾和瑪麗芙蘭索瓦一起生活。
我的父母氣壞了。

我們搬回法國，就是為了讓你能夠念好學校。

這又不是我要求的！而且，無論如何，我還是會繼續寫論文。

再說，羅蘭‧巴特也很贊成。

對對對，羅蘭‧巴特很贊成！

論文寫《丁丁歷險記》！你好像愈走愈偏了！

由於父母不滿意我沒考上高等師範學院，也很失望我不想嘗試高等政治學院和國家行政學院，還有我不願意準備哲學教師考試，

因此他們每個月給我的生活費少得可憐。

我們住在聖若瑟區（Saint-Josse），公寓就在聖阿馮索街（Saint-Alphonse），
租金非常便宜，但是舒適度差強人意。

對瑪麗芙蘭索瓦而言，雖然攝影後來成為她的職業，但當時僅是興趣。

IT'S NOW OR NEVER
COME HOLD ME TIGHT
KISS ME MY DARLING
BE MINE TONIGHT...*

她覺得學校太無聊，因此輟學，半夜開計程車維生，每週五天。

她的父母對此當然也頗有微詞。

我女兒在半夜工作，但我實在不敢告訴你們她在做什麼。

噢，可憐的茱麗葉。

譯註：出自貓王的〈It's now or never〉。

她在晚上快7點的時候出門，

清晨才滿身疲憊地返家。

你不再多吃一個可頌嗎？

抱歉，我吃不下了。我想要去睡了。

我輕手輕腳地走動，深怕吵醒她。

電話一響，我就立刻接起來。

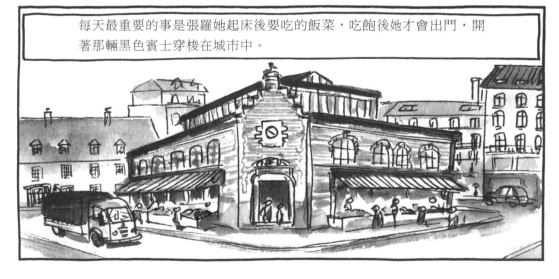

每天最重要的事是張羅她起床後要吃的飯菜，吃飽後她才會出門，開著那輛黑色賓士穿梭在城市中。

剛起床的人通常不太有胃口好好飽餐一頓。因此這一餐一定要很美味。

魚，新鮮的魚喔！

Villa Lorraine*要40隻龍蝦、50條比目魚，還要鰈魚！

馬上來！

年輕人，您呢？

我要6個扇貝和300公克小螯蝦。

還有呢？

呃，今天先這樣就好。

譯註：布魯塞爾的知名餐廳，目前為米其林一星。

晚上6點

干貝慕斯佐小
螯蝦醬汁。

嗯，好好吃。

還有更
多嗎？

我沒有計算在烹飪上花了多少時間。為了確保取得最好的食材，我向「Comme chez soi」與「La Cravache d'or」——布魯塞爾最好的餐廳——相同的供貨店鋪採購。

您看看這
隻野兔！

真是上等貨！
您再告訴我滋
味如何！

GIBIERS
VOLAILLES

Fournisseur
de la Cour

野味
禽類

話說，上次在
您這兒買的鷓
鴣大受好評。

您覺得有可能
進山鷸嗎？

這個嘛,先生,山鷸非常罕見,聽說快要禁獵了。

真悲哀,是吧?

我的食譜愈來愈自由發揮。因為,即使是最好的烹飪書也多少會留一手,所以我必須使出各種手段才能得到好成果。

我就知道!少了礙事的隔水加熱,效果好多了!

蘆筍千層酥佐山蘿蔔奶油。

查理是瑪莉芙蘭索瓦的計程車同事,曾在「Comme chez soi」工作很長一段時間。

他的讚美讓我特別開心。

你根本就是大廚嘛!

我重新聯絡上童年好友馮索瓦‧史奇頓（François Schuiten）。
他在12歲時就已經對漫畫充滿熱情。中學時，我們曾一起辦過小
報。現在他與一群年輕作者，準備震撼比利時的漫畫界。

盥焗鯛魚
烹調時間：35分鐘

你在寫《綠寶石失竊案》的論文啊？

有意思。

艾爾吉的成就遠超過他的名氣，我和一個朋友曾採訪過他。我們兩個一路攔便車坐到巴黎。艾爾吉覺得很有意思。

他和我們長談了整個下午。

我也很喜歡《丁丁歷險記》，不過，後來漫畫界有不少變化喔！

你總該讀過墨必斯*吧？

呃，很少……

啊！那一定要看！他是天才！拿去吧，我帶了一期《咆哮金屬》給你。這是我出版的第二篇故事。

哇嗚！！

譯註：Moebius，法國國寶級漫畫家。代表作有《伊甸納》（*Edena*，積木文化出版）等。

譯註：à suivre，Casterman出版社於1978到1997年間出刊的漫畫月刊，目標讀者群為成人。

沒錯，《待續》也非常正點。第三期會有我們的故事喔。

也是和你哥合作的嗎？

不好意思，魚不能等。

一邊寫《丁丁歷險記》的論文和寫作的同時，我開始急著想要賺錢了。

現在上的是鹽焗鯛魚！

敲開鹽殼就可以吃了。

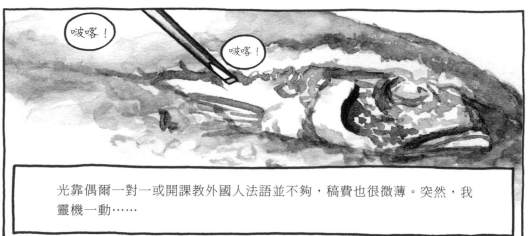

啵喀！

啵喀！

光靠偶爾一對一或開課教外國人法語並不夠，稿費也很微薄。突然，我靈機一動……

# 小公告

99

沒多久，我就接到第一通電話。

看來「法籍」果然是魔法關鍵字。

# 覆盆子舒芙蕾

52……

54……

應該就是這裡。

您好……

有什麼事嗎？

呃，我和凡登波希夫人有約。我是那位廚師。

夫人！有位年輕人找您，

他說他是廚師！

馬上來。

我馬上……

夫人，您好。我是貝涅·彼特，應徵的廚師。

請進、請進。

我們到露臺去吧。

您的庭園真美。

嗯，但是保養維持不容易啊，尤其是我丈夫過世後……

現在是費南度盡力照料庭院。泰芮薩負責打掃和做飯。

噢，他們很認真，我沒什麼好抱怨的，但是葡萄牙菜很容易吃膩，不是嗎？

而且，我即將邀請朋友到家裡，都是些有頭有臉的人。

我心想：「何不讓這位法國廚師來做呢？」

謝謝，我希望——

但老實說，我沒想到您這麼年輕。

所以這樣吧，我們先來試做一餐，只有我母親和我。

一個小測試。

您是否希望我提供菜單呢？

我有幾道挺特別的料理……

特別？！
萬萬不可！！

我母親已經一大把年紀了，絕對不可以嚇壞她。

# Menu

「主菜嘛，我建議春雞填小牛胸腺。」

「呃，我不確定……您覺得香煎小牛胸腺是否比較好呢？」

「不不！我們的禽肉鋪很高級，他們的填春雞做得很好。至於配菜，您可以自由發揮。」

不過，還是要準備一些炸馬鈴薯球。

「前菜就由您選擇吧，
如果您堅持的話，甜點
也由您決定！」

「我們可以先來一道小螯
蝦佐酪梨芒果沙拉？這是
我的個人創作……」

★ ★ ★

「酪梨可以，但芒果就免了。她很討厭芒果。」
「好……甜點的話，覆盆子舒芙蕾如何？是當季水果呢。」

★ ★ ★

「通常我們是吃柑橘白
蘭地口味，不過……就
這樣吧。星期二見。我
們12點30分上桌。務
必準時！」

「覆盆子……」

「舒芙蕾？」

重要的日子來臨，這是我身為外燴廚師烹調的第一餐。

嗯……該加的都加了嗎？

喔不！我忘記帶油了。

喀拉！

在全然陌生的環境中做菜最困難了。

我應該把所有食材都帶來的，包括鹽和胡椒……

喀啦！

滴答

滴答

滴答

叮！

叮鈴
叮鈴叮！

來了，來了！

太太，為您上菜。

小螯蝦酪梨沙拉。

索朗芝，這就是妳的廚師嗎？看起來像個小鬼頭。

他是法國人。

春雞填小牛胸腺。

好險米榭·蓋哈不知道！

做這道主菜的罪惡感，就好比通敵叛國——

完全違悖了我
的料理原則。

叮！

咕咕！

叮鈴
叮鈴叮！

填春雞。

目前為止都很
順利……

真正棘手的現
在才開始。

109

我怎麼會蠢到提議製作覆盆子舒芙蕾呢？

已經塗油撒糖的舒芙蕾烤模

這是完全不放麵粉的舒芙蕾。

噗！
噗！

如空氣般輕盈，但是極度纖細脆弱。

叮！

滴答

♪ (( )

叮鈴
叮鈴叮！

時間到了？

但是，根本還沒烤好啊！！

♪
叮鈴
叮鈴叮！

突然間，我想起在布列塔尼爺爺奶奶家的夏日用餐時刻。

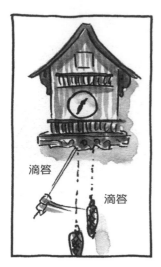

滴答　　　滴答

叮鈴！

叮鈴叮！

應該沒問題，
讓她們多等30秒沒關係
吧，不過……

覆盆子
舒芙蕾！

非常美味的一餐，年輕人。

真的非常美味……

而且我母親似乎也很喜歡。

但是我搖了兩次鈴，甜點才上桌。

噗嚕！

# 聖誕快樂

到了12月，打來的電話變多了。我和新客戶約在鐵十字街（rue de la Croix-de-Fer）上的肉鋪，位在布魯塞爾有點冷清的街區。

晚安，我是貝涅·彼特，那位廚師。

啊，晚安！

比利時纖維囊腫協會

捐款

稍等一下，我把店關了就來。

來，我們到
辦公室聊。

我們想請您負責
聖誕夜的大餐，
全家人都會在。

總共10人，
您一個人沒
問題嗎？

如果我早點開
始就沒問題。

肉不是問題，我們
這裡可以準備。

而且這樣我們還
可以退一些消費
稅，對吧？

魚
奶油

STELLA
ARTOIS

好，都確認完畢了。

太好了！我會提早一點去接您。

BOUCHERIE JORIS

他們一定很辛苦工作，才有這一餐吧！！

① 我們這幾個星期得勒緊褲帶了……

但畢竟是聖誕節啊！

② 喔喔喔！！

③ 親愛的主，謝謝您賜給我們這頓晚餐，以及準備這頓大餐的人。

④ 喔主啊，祝福這個高貴又慷慨、為我們這素樸家庭帶來幸福的靈魂吧……

是家有點清苦的小肉鋪。我盡量開最低的費用了。

我都有點同情他們了。

我們兩個聖誕夜都要工作，這樣也不錯。

1978年12月24日，12點30分。

15

17

看到來接我的雙門賓士轎車，我猜我可能誤會了什麼。不過，這才只是一連串驚喜的開端……

嘰咿咿！！

我們搬到這棟房子已經五年，我們之前覺得住在店鋪樓上太擁擠了。

存了30年的錢吶！一點一滴……但是一切都值得。

De provincie Vlaams-Brabant

heet U welkom

我對車庫最滿意，有6個車位呢！客人來的時候很方便，大家都好停車。

而且，他們可以盡情喝酒，因為我們有6間臥室。

聽到第一聲鈴響時，我已經準備好了。夫婦倆很堅持要向客人介紹我。

譯註：（荷語）這是我們的法國廚師！

GOEDENAVOND, MENEER... GOEDENAVOND, MEVROUW... *1

HIJ KOMT VAN PARIJS, MAAR HIT SPREEKT EEN BEETJE VLAAMS. *2

你的蟹肉沙拉太讚了。不過可以多放一點巴西里、多一點番茄醬！

白梭吻鱸慕斯佐水田芥……

真漂亮呀！

1譯註：（荷語）您好，女士。您好，先生。
2譯註：（荷語）他是從巴黎來的，不過會說一點荷語喔。

124

大塊烤肉可以一個小時後再上。我們要稍微休息一下。

然後別忘了：多一點巴西里、多一點番茄醬！

呃，我本來要做一個風味強勁的濃稠醬汁搭配⋯⋯

好好好，當然沒問題。不過多放一點番茄醬沒關係，對吧？

十分鐘後⋯⋯

然後……

你把我的肋排烤得好棒呀！我一眼就看出來了。

到了上乳酪的時候……

IK BEN ZO EENZAAM ZONDER JOU
NIETS KAN MIJ BINDEN BIJ MIJN VRIENDEN

BIJ HEN KAN IK
HET NIET MEER VINDEN
HET LIEFSTE BEN IK
DICHT BIJ JOU……*

譯註：比利時歌手Will Tura的〈Eenzaam zonder jou〉（沒有你好寂寞）

3000……
3500……

4000法郎！
小費幾乎是外燴
費用的兩倍欸！

好吧，看樣子你
混得還不錯嘛！

沒有你，我好寂寞
即使身旁不乏好友
　你給的愛
　他們沒有

# 接下來，新年快樂

新年午餐的工作氣氛與聖誕夜截然不同……

叮鈴鈴！

啊，您來了！我正擔心著呢！您真是大包小包的……

聽好了，千萬注意別打翻東西！我現在知道要防著點。

前菜我打算做索甸龍蝦佐鮮蔬。

抱歉，抱歉……

噗嚕！

共有8個人，因此我必須在最後一刻切剖4隻龍蝦。

數量是平常的兩倍，也沒有瑪麗芙蘭索瓦幫忙我。而且絕對不能讓龍蝦涼了。

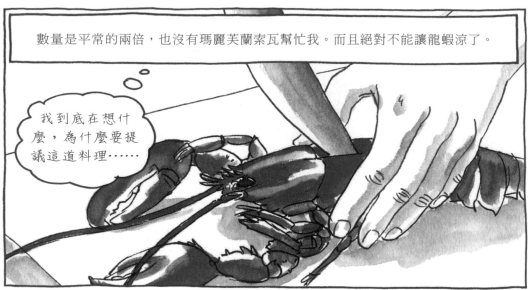

我到底在想什麼，為什麼要提議這道料理……

由您上菜，這是一定的。

呃，是這樣嗎……

沒事、沒事……

沒事、沒事……

這次經濟危機又要幹什麼了？

又要增課像我們這種人的稅！

又不是我們把國家搞到這個地步！

可憐的比利時啊……

135

你退下吧，回廚房去！

哎呀，他已經有自己的脾氣了呢！

我只想做料理，沒想到卻見識了社會百態。

洗碗也是您的工作。

呃，當初沒有這樣說！我……

聽好，這本來就是您份內的工作。之前的每一年也都是這樣。

無論如何，我別無選擇，因為他們還沒付我錢。

還有三個盤子……

噢，您真是太可憐了，大過年的要洗這麼多碗盤。我來幫您吧。

我的外燴廚師生涯就此告終。

JOURNAL QUOTIDIEN
SAMEDI
21 avril 1979
le numéro: 35o fr

# La Dernière Heure

LES **SPORTS**

le plus grand journal belge, le mieux renseigné - 52, rue du Pont-Neuf - Bruxelles t

# 悍女擊退歹徒

布魯塞爾，4月19日

Conférence de presse
de Wilfried Martens :
«Nous poursuivrons
la réforme de l'État»
(Page 2)

NOTRE
CHOUCHOU DE
LA SEMAINE.

35F
la pièce

DELHAIZE

身為女性，夜間工作並不容易。布魯塞爾的夜間計程
車司機瑪麗芙蘭索瓦·P深深了解這一點。

1979年4月，瑪麗芙蘭索瓦在自己的計程車中，一星期內被襲擊了兩次。

我當然不會再開大夜班了！

但是要我白天開車擠在車陣中，我可不幹！

沒錯，我們得想其他辦法。

我們夢想能一起開間小餐館。但是哪來的錢呢？

市中心一條美輪美奐的拱廊街裡，有一家我常去的小書店名叫「馬孔多」（Macondo，《百年孤寂》中的虛構小鎮），選書毫不馬虎。

我和老闆賈克・波杜安（Jacques Bauduin）成為好友，他以前曾是托洛斯基主義者（Trotskyism），也是孜孜不倦的讀者。

噢，太好了！

如果你有興趣的話，我正在找人手。不必非得全職。

剛開始的日子，我有點喪氣，因為眼前有一大堆我想細讀卻只能略翻的書籍，還有一堆我沒料到的毫無成就感的工作。

很快的，瑪麗芙蘭索瓦也加入書店的行列。

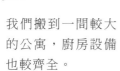

我們搬到一間較大的公寓，廚房設備也較齊全。

暖屋派對時，我們邀請所有的朋友，有布魯塞爾人也有巴黎人。我們
準備了非常精緻的自助餐。

海鮮冷湯。

我都不知道你有
烹飪天分，

你真是多
才多藝的
男孩呀。

非常
不錯
呢！

嗯——

溫蠔佐韭蔥
沙巴雍。

貝涅，過來啦，別一直待在廚房！

馬上來，薇樂麗，給我兩分鐘。

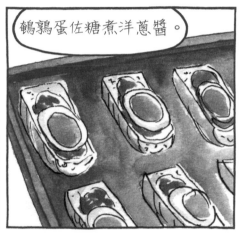

鵪鶉蛋佐糖煮洋蔥醬。

1980年3月26日，大約中午……

叮鈴鈴鈴！

叮鈴鈴鈴！

馬孔多書店您好。

您好，這裡是門檻出版社*。

羅蘭·巴特剛剛過世了。

他的新書你們想訂幾本？

呃，

不好意思……

我再回電給您。

譯註：Éditions du Seuil。

我的論文還沒完成。高等應用研究學院把我轉給克里斯蒂安・梅茲（Christian Metz），他是電影符號學的大師。

丁丁啊丁丁⋯⋯

我們到底該拿您怎麼辦？

巴特確實無法取代。

幾個月後我再度提筆寫論文，但是沒有加上引用注解，也沒有參加口試。我的大學生涯就此結束。

我的第二本小說由侯貝・拉馮
（Les Éditions Robert Laffont）
出版。迴響比第一本小說熱烈。

貝涅・彼特，對您而言，是什麼讓推理小說充滿現代感？

呃，我認為這類小說充滿文學性，還有許多可能性等待我們發掘。

衝動之下，我決定離開書店，成為全職作家。

你真的確定？你接下來已經有稿費夠優厚的約稿了嗎？

目前沒有，不過我有信心，以後會有的。

那你希望什麼時候離職？

呃……這個嘛，午餐後吧，如果不會造成你的困擾。

!?!

我撰寫文章、媒體資料、廣播劇本，還有其他沒什麼發展性的文字工作……

我和瑪麗芙蘭索瓦試著為不討喜的攝影圖像小說（photo-roman）賦予新意。

至於馮索瓦，我們兩人開始為
《待續》雜誌編繪《朦朧城
市》（*Les Cités obscures*）系列
的第一集漫畫。

不久後，一位丹麥編輯向我邀稿，為一本關於艾爾吉的畫冊寫文章，也就是後來的《艾爾吉的世界》（Le Monde d'Hergé）。

雖然我放棄廚師這一行，料理仍是我的熱情所在，而且這份熱情也是人與人溝通的橋樑。

珍維葉是瑪麗芙蘭索瓦的表妹，經常和身為年輕哲學教授的男友賈克－安德烈到布魯塞爾。

他對料理充滿狂熱，簡直就是個美食信徒。

稍微抬高鍋子，不然可能會油水分離。

我們可以花一整天做菜。

那我們要去逛一下囉！你們慢慢弄。

賈克－安德烈的葡萄酒知識淵博，遠遠超過我。他初次參加品酒活動時，大家就發現他的味蕾特別敏銳。

你們覺得這款Saint-Émilion如何？

不久後，賈克－安德烈放棄哲學，選擇了葡萄酒，後來果真大放異彩。

2017年，他獲選「全世界評分最精準酒評家」第二名。

「一瓶葡萄酒中蘊含的哲學，遠勝於所有書本。」

路易・巴斯德

« Il y a plus de philosophie dans une bouteille de vin que dans tous les livres. »
Louis Pasteur

# Apicius餐廳

布魯塞爾的高級餐廳雲集。

例如傳奇的「Comme chez soi」……

艾爾吉經常光顧的「La Cravache d'or」……

「Bruneau」，以及其他同樣傑出的餐廳。

但是這些餐廳的料理，對我們來說，都略嫌正統。

1982年，有位年輕廚師在根特（Gand）引起討論。名叫威利·斯拉文斯基（Willy Slawinski）。

他的餐廳「Apicius」那時在《戈爾－米約》指南中只有兩頂廚師帽，不過他很快又獲得聲譽極高的金鑰匙。最好在他摘下米其林星星之前趕快造訪。

UN POÈME CULINAIRE
EEN CULINAIR GEDICHT

GRAMINÉES DE ZIZANIE AUX LÉGUMES ET PETIT HOMARD,
BAVAROIS AU THON BLANC À LA TANAISIE ET SAFRAN

BARBUE ART MODERNE

LE SAUMON DE FONTAINE À LA PEAU CROQUANTE,
MIROIR AU VIN ROUGE AUX FEUILLES ET BAIES DE MYRTHE
MANGE-TOUT AUX JEUNES OIGNONS

L'ESCALOPE DE FOIE D'OIE POÊLÉE À L'INULA HÉLÉNIUM,
BOULES DE MELON AU PERSIL SIMPLE

LA COCCINELLE DE TOMATE AU TRIPLE CRÈME
À L'EAU DE ROSES

PRÉLUDE DE DESSERT

LES POUSSES DE FRAISES PRIMELLA À LA CANNELLE,
RHUBARBE À L'ORANGE ET AU THYM CITRONNÉ

DOUCEURS

(À PARTIR DE 2 PERSONNES ET POUR LA TOTALITÉ DES CONVIVES DE VOTRE TABLE)
(VANAF 2 PERSONEN EN VOOR HET VOLLEDIGE GEZELSCHAP VAN UW TAFEL)

一長串的菜單。展現出創造力，以及對色彩與質地的敏銳度，在在令我們神往。

美極了，幾乎
捨不得碰。

餐廳竟然沒客滿，
未免太誇張了！

對根特來說太前
衛了。如果開在
巴黎，大家一定
搶破頭訂位！

不同於大部分的知名主廚，斯拉文斯基從不踏出廚房一步。離開時，我們隱約看見他瘦長的身影。

謝謝您，斯拉文斯基夫人，再見！

## Choix critique

### Vers la cuisine pure

Le discours sur la cuisine est aujourd'hui dans un état d'extrême dénuement. Abandonné aux états d'âme des gastronomes et aux confidences des restaurateurs célèbres, il est incapable de rendre compte des avancées, parfois décisives, de la pratique dont il prétend traiter. Aussi comprendra-t-on qu'une distinction élémentaire — celle qui permet d'opposer cuisine synthétique et cuisine analytique — ne soit pas inutile à celui qui voudrait donner l'idée des saveurs particulières d'un grand repas récent.

La cuisine synthétique (des plats français traditionnels comme la blanquette et le bœuf bourguignon en constituent de parfaits spécimens) est un mode d'élaboration où, dès la casserole, les divers éléments qui composent le plat sont mêlés les uns aux autres, donnant naissance à une sorte de matière générale, uniforme et indifférenciée. De cette cuisine synthétique (qui semble trouver dans la bouillie sa forme superlative), on pourrait dire qu'elle censure à la fois le rôle du préparateur et celui du mangeur. Du préparateur puisque son travail se trouve dissimulé, comme enfoui sous cette sauce épaisse qui rend invisibles les opérations effectuées. Du mangeur puisque sa place étant d'ores et déjà fusion des différents ingrédients étant d'ores et déjà accomplie, le plat lui-même étant d'emblée quasiment pré-mâché.

La cuisine analytique (les compositions de poissons crus, de piments et de riz que propose la cuisine japonaise en sont les plus célèbres exemples) est, à l'inverse, un mode d'élaboration où les multiples aliments, loin de se fondre l'un dans l'autre, voisinent sur l'assiette de manière reconnaissable. De cette cuisine analy-

tique (que plusieurs restaurateurs contempor amènent chaque jour à de nouveaux sommets), devine qu'elle révèle aussi bien la tâche l'opérateur que celle du dégustateur. De l'op l'opérateur que son activité s'offre de manière vis teur puisque son activité s'offre de manière vis au regard, pour peu que celui-ci sache se attentif. Du dégustateur puisque c'est lui associant à sa convenance des éléments jusqu séparés, permet au plat d'exister véritableme

C'est dans cette seconde gorie que se range à l'évidence — et comme l'u ses versions les plus radicales — la cuisine de Slawinski, le maître d'œuvre du restaurant A

Dans les plats qu'il pr chacun des ingrédients a bénéficié d'une cuis d'une préparation particulière, conservant a couleur, sa forme, sa texture et son goût ava dernier instant se trouver confronté aux aut l'assiette. Les oppositions sont fortes, bland cru et le cuit, le chaud, le froid, le salé, le s ferme, le mœlleux, l'acide et le doux se pr côte à côte. Cette cuisine n'arrondit pas les elle exacerbe les contrastes et multiplie les

Si mystérieuses que d'abord paraître ces créations, elles ne relè de procédés cachés. Les plats élaborés p Slawinski n'ont pas besoin de dissim principe sous une sauce ou de l'enfour pâte. Leur art, infiniment subtil, ne recou si grossiers subterfuges. À l'instar d'un dévoilant sans hésiter — dans ses entre François Truffaut — les ficelles qu Slawinski ne craint pas de laisser voir c

De cette volonté de l énoncés des plats servis chez A éminemment symptomatiques. Les ch gastronomiques les accusent souvent d stiqués à l'excès: ils se méprennent a

我 和 幾 位 巴 黎 朋 友 一 同 創 辦 了 跨 領 域 藝 術 雜 誌
《Conséquences》。各領域在此沒有高下之分，從文學到
繪畫，從電影到漫畫我們皆一視同仁。1984年出刊的第二期
中，我為Apicius餐廳寫了一篇充滿感情的專文。

S'ils sont longs, ces énoncés ne sont rien d'autre que précis. Ils n'intitulent pas le plat (comme le cassoulet ou la bouillabaisse), encore moins se contentent-ils d'y faire culturellement allusion (comme la sole Colbert ou le filet de boeuf Régence). Ils le décrivent. Lorsque Willy Slawinski parle d'un "mille-feuilles d'agneau aux endives, coulis aux oignons" ou de "noisettes de chevreuil au thé et au citron vert, poêlée de poire et mangue au gingembre confit", il donne de ces plats l'idée la plus juste qui se puisse concevoir.

La réussite culinaire de [Sla]winski tient, entre autres, à cette manière qu'[il a de] prendre en compte simultanément des para[mètres] très divers et les soumettre à un principe [...] plusieurs fois réitéré. Ainsi de ce sty[le] "quadrilatère de coquilles Saint-Jacq[ues] brocolis et carottes" qui témoigne d'une tr[ès] invention formelle: le paral·lélépipède [...] impose aussi bien à la présentation de la t[...] la découpe des légumes, cependant [...] différents états de la même couleur — de [...] tendre mais opaque de la mousse jusqu'[...] marqué mais transparent, de la g[...] surmonte — coexistent harmonieuse[ment].

Nous approchon[s...] cuisine pure (parente de cette poe[...] l'abbé Brémond parlait à propos de[...] cuisine qui, loin de s'abandonne[...] complices du traditionnalisme e[...] gance, s'efforce de mettre à jour l[...] son art. Les créations de Willy [...] pent avec bonheur au faux dile[mme] de l'artifice: elles ne se croient tr[...] scrupuleux d'une soi-disant [...] (fondement de tous les mar[...] canard à l'orange, la raie et [...] tous les conformismes culin[...] rieuses provocations des cha[...] Si Willy Slawinski peut [...] combinaisons, il ne se croit [...] conserver. Dans le calcul d[...] preuve d'une forme de d[...] l'agudeza dont parle Balt[asar]

Une a[...] le prix de ce restaurant: l[...] d'oeuvre. Artiste vérita[ble] Slawinski a le bon go[ût...] plus pesants attributs [...] tant de vedettes des fo[...] cuisine, ne cherchent [...] qu'il vous fait apport[...]

boniment; sa cuisine parle pour lui.

Restaurant Apicius — Willy Slawinski — Koning Leopold II laan 41 — 9000 Gent — tél.: 091/22.46.00.

(1) Hitchcock/Truffaut, Editions Ramsay 1983.
(2) Voir dans ce même numéro la note de Michel Falempin intitulée "Expert et Jésuite".

Benoît Peeters

conséquences
2 hiver 1984

幾個月後,我們帶著珍維葉和賈克－安德烈到Apicius餐廳。一如往常,威利・斯拉文斯基幾乎不露面。但是用餐近尾聲時,賈克－安德烈還是忍不住和外場總管開口了。

如果能和斯拉文斯基先生致意,我們會非常開心。

我想,不太可能。他很累了。

我朋友寫了一篇關於這間餐廳的文章,而且⋯⋯

您也知道,這些文章愈來愈多了。

的確,但是這篇文章和其他的可不一樣,是刊登在《Conséquences》上的呢!

噢,先生,您應該早點說的呀。

我去知會主廚。

您看，您的文章在這呢！

所以，就是您。

非常謝謝您。那篇文章，呃，與眾不同。

與眾不同的是您的料理。對我們來說，甚至是獨一無二的。

您已經來過好幾次了，對吧？

今晚是第三次。

時光流逝……

……我的人生又經歷了許多改變。

威利，純然的料理

166

時間來到1989年。我時
不時就會帶親朋好友光
顧Apicius。餐廳也搬進
了一棟更雅緻的建築。

那時Apicius餐廳已在《戈爾－米約》
中獲得19分（滿分20分），並摘下兩
顆米其林星星。

威利·斯拉文斯基的名氣如日
中天，一如他的好友們——在拉
齊歐（Laguiole）的米榭·布拉
（Michel Bras），還有在聖艾提
安（Saint-Étienne）的皮耶·加
尼葉（Pierre Gagnaire）。

我喜歡餐廳幾乎
沒有變過的安排
與配置。

飲用水上桌的時機總是
恰到好處，盛裝在渾圓
美麗的水瓶中……

APICIUS
WILLY SLAWINSKI

還有，麵包。

鹽罐擺放在餐桌上，不過是空的（鹽和其他調味料一樣，特
地詢問才會提供）。

每道料理的間隔拿捏精準，一道接一道毫無冷場。

你幾乎不會察覺到妮珂・斯拉文斯基和侍者之間互使眼色，那是為了同時揭開鐘形罩，好呈現料理最精彩奪目的面貌。

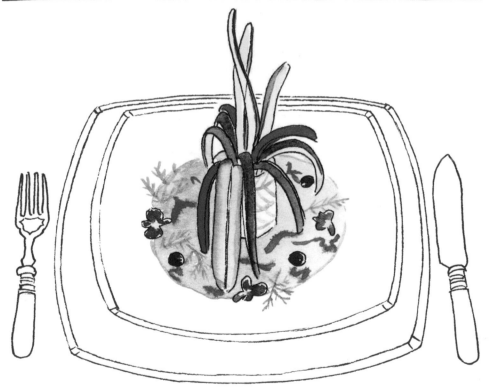

1990年某日，我聽說餐廳已休業好幾個月了。威利・斯拉文斯基病了，而且病得不輕。是胰臟癌，最嚴重的癌症之一。

不久後，他主動打電話給我，說他剛剛出院，問我是否能到根特找他。

他想和我討論一
個計畫。

謝謝你的花，真是太麻煩你了……

手術後，我臥床好幾個星期，什麼都不能吃。

對廚師來說，是很奇特的體驗，不過也非常有趣。

再度開始進食後，我才意識到佐料和調味料的力量。

即使用量減少一半甚至三分之二，也不會失去風味。

他期待餐廳很快就能再度開幕，不過他的身體仍非常虛弱。這段期間，他開始構思一本料理書。

他希望這本書和所有其他料理書截然不同。他覺得我們可以一起寫這本書。

他給我看食譜草稿的筆記！

當然也會收錄食譜，不過，那不是最重要的部分。我希望以談論一個完整文化的方式探討料理。

關於未來的餐廳，

遠離速食的日常飲食，

我也正在構思一種新式的甜點，無糖而且幾乎無麵粉……

請放心交給我！

照片要特別注意。不可以有落葉，也不要鄉村風的裝飾。

要用自然光，背景單純。

最重要的，不要有俯角平拍的照片。我們是站著烹調料理，坐著食用料理。攝影師要是把相機架太高，就會毀了我的心血。

我逐漸了解他的成長背景。1948年，他出生在一個工人家庭，雙親是波蘭人。

當時身為波蘭人，就像現在身為土耳其人或摩洛哥人。而且我是班上唯一一個移民後裔……

因此我必須奮鬥，要跑得比其他人更快、跳得更高。

Studio Smet-Moreels
Stationsstraat 36
WAASMUNSTER

「當時我的夢想是成為畫家，但是滿14歲的那一天，我成為廚房夥計。」

「六個人擠在沒有暖氣的小房間睡覺。」

「準備奶油酥盒的餡料時，蘑菇是整桶整桶的，我比其他人更快學會快速切割蘑菇的方式，然後學會刻花，左手和右手一樣靈活。」

「後來我得到機會，進入布魯塞爾知名的羅蘭之家（Villa Lorraine），在那裡，我同樣卯足了勁製作極傳統的奢華料理，也是體力活。」

然而某天，皮耶・特洛瓦果（Pierre Troisgros）到餐廳擔任客座主廚。

對當年的我衝擊之大，你根本難以想像。

可以，我可以想像。

突然間，我發現一個前所未見的新世界，和我之前學過的截然不同。

然後我開始厭惡那些工作時做的料理。

「幸好我得以進入景仰主廚的餐廳實習……」

「在米榭·蓋哈那裡待了一個夏天，」

「另一年跟亞蘭·桑德倫斯（Alain Senderens），」

「和弗瑞迪·吉哈岱（Frédy Girardet），在洛桑附近。」

然後，你終於開了Apicius。

沒錯，當時我31歲，剛開始並不容易。

幸好有妮珂支持我。

175

比利時高級餐廳的主廚和美食評論家一直質疑我。

對許多人而言，我是「不愛吃的廚師」。

可能是因為餐點的分量不大吧，或是因為我不喝酒。

又或者是你太現代了？

我不知道，我只是想要不斷創新罷了。

我還有好多事情想嘗試。例如為素食者料理時，我會結合至多40種不同食材。

而且我也成功讓素食者發掘各種滋味，以及他們想像不到的料理類型。

而這也幫助我改變自己的習慣。

我用了以往完全沒想過的方式做料理。

現在，我的小花園裡，盡種了些被遺忘的蔬菜，

沒人用來做菜的香草植物和花朵。

那，你創作多少食譜了？

我不清楚，總之超過一千份。

「我會半夜爬起來記下新點子。」

「有時候甚至立刻試做……」

「有些料理我無法再做一次，而有些
手法太過頭。不過，我感覺現在正接
近自己最純然的料理。」

他的病況好轉並沒有維持太久。餐廳重新營業，但是很快又再度休業。我們偶爾會通電話，繼續討論「我們的書」。

1992年4月27號，威利於43歲逝世。他的離世
一如羅蘭・巴特的死訊，令我哀慟不已。

還有一位，也是我遇過最純粹的藝術家之一。

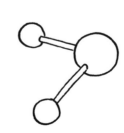

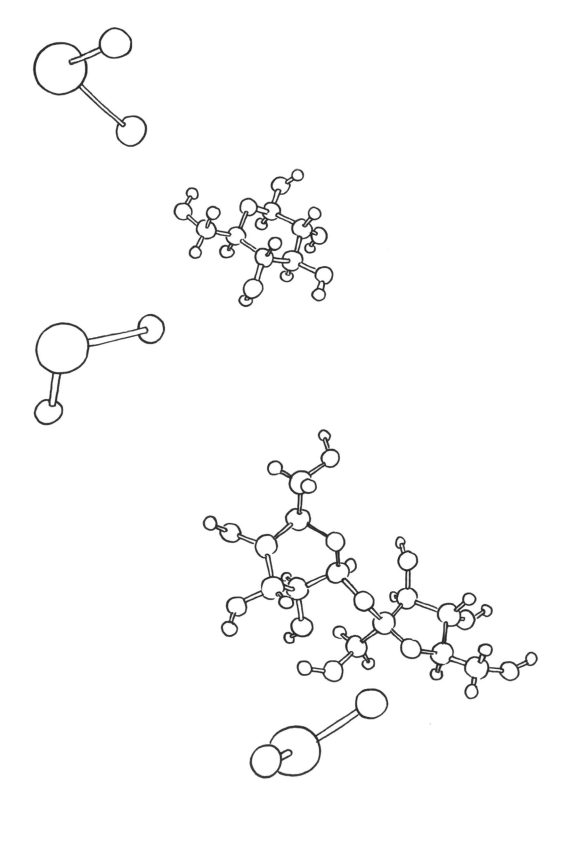

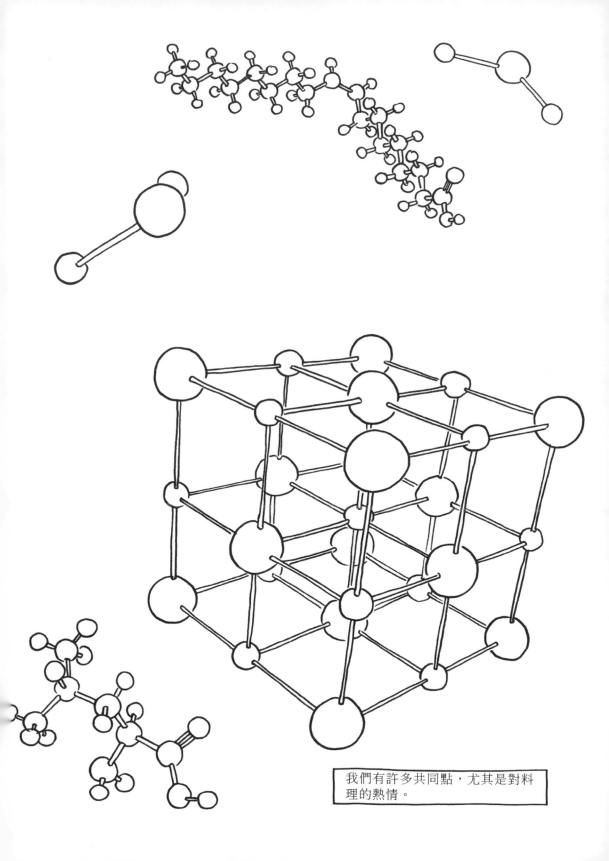

我們有許多共同點，尤其是對料理的熱情。

現在我住在巴黎，和薇樂麗一起生活。她是我少年時代的女性友人，我倆的重逢有如奇蹟。

我們擁有許多共同喜好，對料理的品味更是如此。

沒錯，根據Google地圖，餐廳距離佩皮儂機場1小時26分的路程……

但是尚一保羅說餐廳很難找。

最好預留多點時間。
我找到一班法航班機，下
午5點25分抵達佩皮儂。
你可以嗎？我訂票囉？

「鬥牛犬」（El Bulli），這間全球最知名的餐廳已經在加泰隆尼亞的羅賽斯
（Roses）營業多年。餐廳主廚費朗・阿德里亞（Ferran Adrià）是所謂分子
料理的發明者，不過他本人從未使用「分子料理」這個詞。

Aeroport International à Carrer de la Roca - Google Maps

Google maps

Itinéraire vers Carrer de la Roca
89,0 km - environ 1 heure 26 minutes

Google

Map data ©2011 Tele Atlas

我們的朋友尚－保羅和卡特琳‧裘亞利也和我們一樣熱愛料理。他們早期便是「鬥牛犬」的常客。我鼓勵尚‧保羅寫一本關於費朗‧阿德里亞的書。

託尚─保羅的福，2011年7月28日，我們即將
擁有至高的體驗。

鬥牛犬
歇業前的
最後一夜

費朗・阿德里亞決定在登峰造極之際，結束餐廳營業，以不同方式工作。

我跟你保證，過了這片平原後要左轉。

這算哪門子路啊！

我們直到三天前才確認行程，沒有足夠時間好好研究路線。

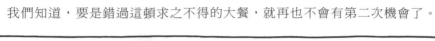

我們知道，要是錯過這頓求之不得的大餐，就再也不會有第二次機會了。

很好，我們根本在亂開一通……

沒有訊號，不意外！

有個老人為我們指路，結果指向大海。

呼！快到了……我們只會遲到15分鐘。

哎呀！我們還擔心你們迷路了呢！

## el bulli

cañas : mojito – caipirinha
flauta de mojito y manzana
gin fizz frozen caliente
aceitunas verdes sféricas
cacahuetes miméticos
ravioli de pistachio
porra de parmesano
"macaron" de parmesano
globo de gorgonzola
chip de aceite de oliva
flor en néctar
papel de flores
almendras tiernas "gustos básicos"
pan con tomate
huevo de oro
almeja merengada
croquetas liquidas de pollo
espuma de humo
raviolis de sepia y coco con soja, jengibre y menta
cristal de soja
empanadilla de nori
cerillas de soja
cornete Saku-Sake
niguiri de salmón
langostino hervido
gambas dos cocciones

won-ton de rosas con jamón y agua de melón
canapé de jamón y jengibre
pan de queso
quinoa helada de foie-gras de pato con consomé
ajo blanco
tuétano con caviar
shabu-shabu de piñones
porra líquida de avellana
pollo al curry
ceviche de bogavante
taco de Oaxaca
gazpacho y ajo blanco
espardeñas- espardeñas
ninyoyaki de liebre
capuccino de caza
risotto de moras con jugo de caza
lomo de liebre con su sangre
el plato de las especias
huesos
infusión
corneto Melba
fondve Melba
caja

這是共有五十道料理的精彩套餐，但光從簡短的料理名稱其實看不出高明之處。有點像精緻版本的酒館小菜。

從開胃菜開始，處處都是驚喜。

冰火琴費茲（Gin-fizz chaud-froid）

摩西多－卡琵麗娜甘蔗條（Roseaux mojito caipirinha）

蘋果摩西多三明治（Flûte mojito pomme）

球狀橄欖。

裘亞利夫婦和14歲的女兒艾洛依絲依一同前來。

數滴橄欖油的纖細風味
在口中炸開。

戈貢佐拉乳酪球佐
橄欖油脆片！

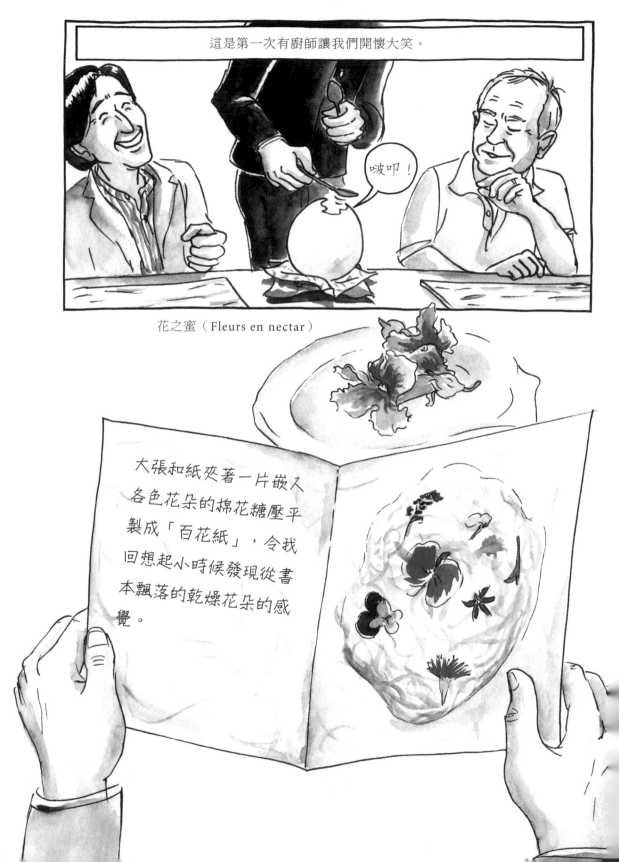

這是第一次有廚師讓我們開懷大笑。

啵叩！

花之蜜（Fleurs en nectar）

大張和紙夾著一片嵌入各色花朵的棉花糖壓平製成「百花紙」，令我回想起小時候發現從書本飄落的乾燥花朵的感覺。

橄欖油番茄醬抹麵包片（Pan con tomate）：番茄水雪寶上，放著一口大小的橄欖油麵包。

挑戰物理法則的液態炸雞肉丸子，

混血的亞洲風料理。

醬油冰晶，要用修眉夾夾著吃。

火腿玫瑰餛飩，搭配哈密瓜水。

海苔西班牙餃。

檸檬汁醃
龍蝦

大蒜杏仁冷湯

海參韃靼佐歐
白鮭卵

而且他安排料
理順序的方式前
所未見：有時是
一系列，有時又
驟然轉折。

野兔人形燒

野味卡布奇諾

野兔腰脊肉，搭
配兔血（其實是
甜菜根汁）

黑莓燉飯佐
野味肉汁

不可思議，
五十道料理，
只有三款酒。
他的料理層次
太多，難以餐
酒搭配！

好吃！

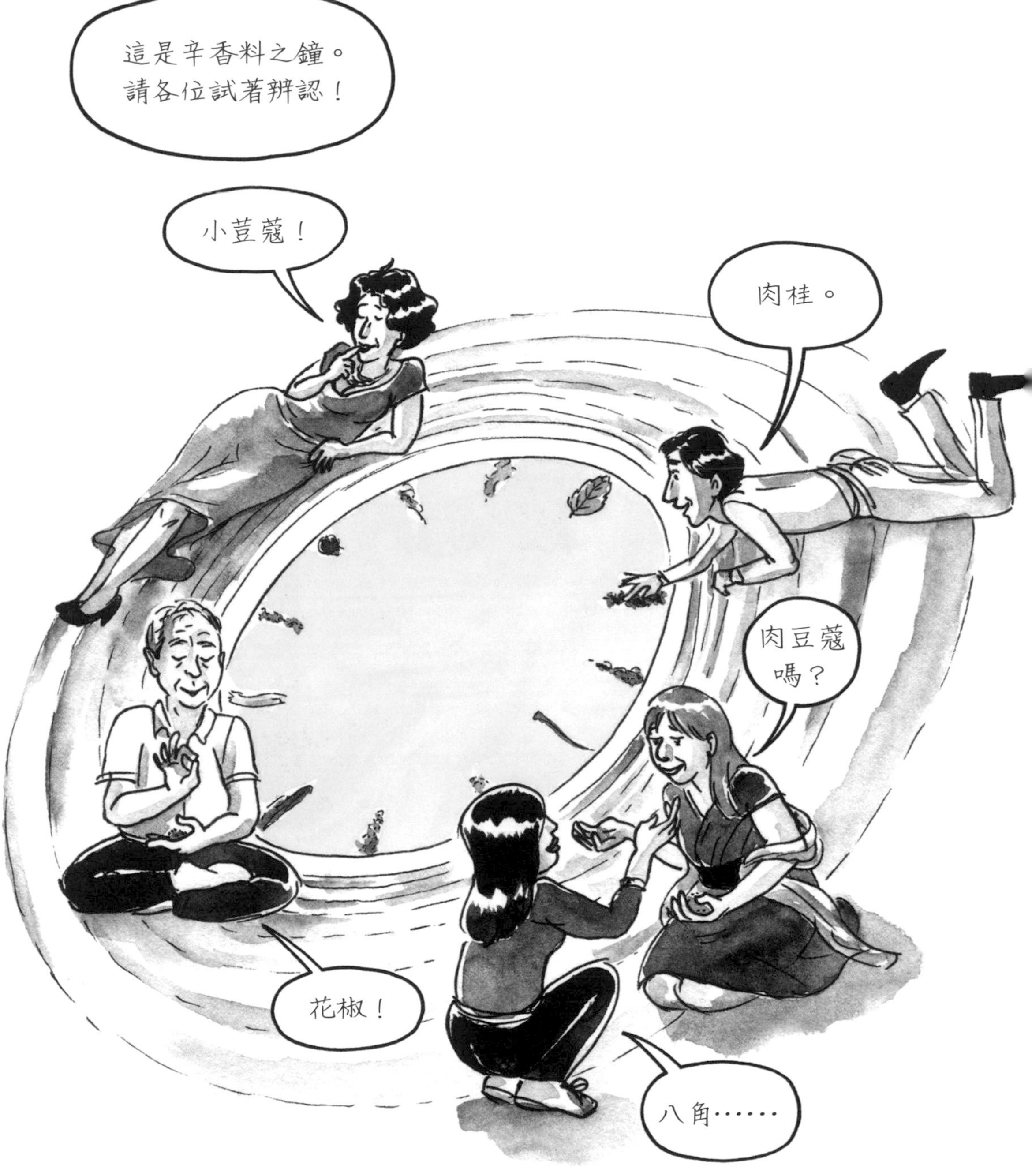
這是辛香料之鐘。
請各位試著辨認！
小荳蔻！
肉桂。
肉豆蔻
嗎？
花椒！
八角……

最後是……迷你甜點！

我又想起威利·斯拉文斯基。

他曾經盼望的變革已然成真。

費朗，真是太美妙了。

謝謝，謝謝。

你呢，尚一保羅？書進行得如何啦？

我會為難忘的今晚寫一篇後記，然後就可以送印了。

真有趣，關於一間已不再存在的餐廳的書。

您還會有新創作的，我們對您有信心。

海月水母的後記

# 12月10日？

 貝涅・彼特
星期日 2011/11/27, 下午 06:45
您

 ↩ 回覆 |⌄

收件匣

親愛的海月水母，

希望你的柯瑪之行一切順利愉快。
而且簽名會人潮不斷。

其他事情：你一定知道我在龐畢度中心規劃了一系列講座，12月9日星期五是最
後一場，與談人是美國漫畫家克里斯・衛爾（Chris Ware）。
隔天，也就是10日星期六，我們會在薇樂麗家安排一頓晚餐，克里斯・衛爾和加
拿大漫畫家賈克・參森（Jacques Samson）也會出席。
誠摯邀情你加入我們的行列。
再告訴我你的意願吧。

好友，

貝涅

巴黎，2011年12月10日星期六，薇樂麗家。

阿德里安，薇樂麗的大兒子，18歲，剛考上高等政治學院。

我！

薇樂麗

克里斯·衛爾，他有點怕冷，所以戴上毛帽了。

年紀最小的加布里耶，將滿13歲。

賈克·參森，和貝涅共同撰寫了一本關於克里斯·衛爾的書。

索甸龍蝦燉飯來囉！

210